MÉMOIRE

SUR LA

CONTRACTION MUSCULAIRE.

MÉMOIRE

SUR LES PHÉNOMÈNES

QUI ACCOMPAGNENT LA CONTRACTION

DE LA FIBRE MUSCULAIRE,

PAR MM. PRÉVOST ET DUMAS ;

Lu à l'Académie des sciences le 18 août 1823.

A PARIS,

DE L'IMPRIMERIE DE CELLOT,

RUE DU COLOMBIER, N° 30.

1823.

MÉMOIRE

SUR LES PHÉNOMÈNES QUI ACCOMPAGNENT LA
CONTRACTION DE LA FIBRE MUSCULAIRE.

Par MM. Prévost et Dumas.

(Lu à l'Académie des Sciences en août 1823.)

Il est bien connu des physiologistes que l'intégrité de
la branche nerveuse qui se rend dans le muscle, et la libre
circulation du sang au travers des vaisseaux qui s'y distribuent, doivent être considérées comme les conditions
nécessaires de la faculté contractile. Cette vue, que l'observation d'une immense quantité de faits a suggérée
naturellement à tous les écrivains qui se sont occupés
de cette science, nous engage à diviser notre mémoire
en trois parties. Dans la première, nous essaierons de
reconnaître la nature des modifications que le muscle
éprouve sous l'influence qui l'oblige à se contracter.
La seconde sera consacrée à la discussion des faits
déjà connus, et à l'exposition de ceux que nous avons
observés nous-mêmes relativement aux causes physiques qui semblent nécessaires à l'état particulier du
nerf sous lequel la contraction musculaire se manifeste.

1

Enfin, la troisième, que nous aurons l'honneur de soumettre plus tard au jugement de l'académie, sera destinée à étudier les conditions que nous avons observées dans la manière dont le sang agit, soit sur le muscle lui-même, soit sur le nerf qui se distribue dans cet organe.

PREMIÈRE PARTIE.

A. Nous trouvons dans un muscle divers éléments organiques dont il importe de fixer, par expérience, l'usage et la nécessité relativement au phénomène qui nous occupe. Ce sont les fibres musculaires elles-mêmes, le tissu cellulaire qui les réunit, les tendons auxquels elles vont aboutir, outre les vaisseaux artériels, veineux, lymphatiques, et le nerf, qui viennent s'y distribuer. Établissons en premier lieu, dans les limites que nos moyens actuels d'observation nous imposent, quels sont les rapports que l'on remarque dans la situation relative de ces diverses parties, en prenant la fibre musculaire pour point de départ. Tous les anatomistes savent que les muscles présentent une grande analogie chez les animaux dans lesquels on peut les observer avec une netteté suffisante. Ce sont des faisceaux de fibres molles, flexibles, peu résistantes et de longueur très variable. Un tissu cellulaire d'une grande finesse les unit entre elles, et leurs extrémités se perdent dans la masse commune, ou bien vont se fixer sur les tendons qui forment le moyen d'union entre le muscle et les parties qu'il est destiné à mouvoir. La manière dont ces fibres se groupent est fort variée, ce qu'on peut prévoir en réfléchissant à la diversité des fonctions que les muscles ont à remplir ; mais l'élément musculaire paraît strictement le même dans tous les cas. Sa couleur est blanche comme celle de la fibrine retirée du sang ; et si, chez les animaux à sang chaud, elle paraît rouge, on doit l'attribuer uniquement au liquide qui le baigne : quelques injections d'eau le démontrent sans réplique. Afin d'éviter des répétitions ou des longueurs, nous subdiviserons la fibre musculaire en trois ordres. Les *fibres tertiaires* seront pour nous ces filaments musculaires qu'on rencontre en fendant le muscle dans le sens de sa longueur ; nous appellerons *secondaires* celles qu'on obtient par la subdivision des précédentes : elles sont fort bien déterminées, en ce qu'il est impossible de les soumettre à aucune altération mécanique sans arriver à la *fibre primaire*, que les travaux de M. Home, les nôtres et ceux de M. Henri Edwards ont fait connaître d'une manière très satisfaisante. Il serait trop long de discuter ici les opinions des anciens anatomistes sur ce point. Il nous suffira de poser en fait qu'aucune de leurs recherches expérimentales n'implique contradiction avec les résultats publiés par M. H. Edwards. On sait qu'il a trouvé la fibre élémentaire identique dans tous les animaux et dans tous les âges, et formée, dans tous les cas, d'une série de globules de même diamètre. C'est de la réunion d'un faisceau de pareils chapelets que résultent les fibres secondaires, et celles-ci méritent toute notre attention, en ce que les mouvements de la contraction s'opèrent par leur moyen. Lorsqu'on les examine avec un grossissement de trois cents diamètres, elles se montrent souvent sous une forme très particulière qui serait susceptible d'induire en erreur sur leur véritable composition. On les voit comme des cylindres barrés en travers par un nombre considérable de petites lignes sinueuses placées à la distance régulière d'un trois-centième de millimètre. Cet aspect paraît dû à la gaîne membraneuse dont ils sont revêtus, et on ne le retrouve pas dans les fibres secondaires qui ont été fendues ou déchirées. Il disparaît également sous certaines conditions d'éclairement, et l'on arrive à la véritable structure musculaire. La fibre secondaire se montre alors, comme l'a fort bien vue M. Edwards, et paraît composée d'un très grand nombre de petits filets élémentaires placés parallèlement ou à peu près, et de même forme que ceux dont M. Home a signalé l'existence.

Si l'on prend un muscle assez mince pour être examiné par transparence, sans qu'il soit nécessaire de le diviser, on voit qu'il est produit par la réunion d'un certain nombre de fibres secondaires placées quelquefois sans ordre l'une à côté de l'autre dans une situation parallèle ou à peu près, et souvent groupées de manière à produire les faisceaux musculaires qu'on remarque dans les muscles épais. Tout cet échafaudage est maintenu par un tissu cellulaire adipeux, et sillonné en divers sens par les vaisseaux et les nerfs, qui semblent parcourir le muscle sans avoir avec lui des liaisons faciles à observer. Nous ne pourrions pas en ce moment faire l'histoire de la circulation propre à ces

organes sans sortir de notre sujet, et nous nous bornerons à observer que, s'il existe une communication
matérielle entre les masses musculaires et les vaisseaux
sanguins, cela ne peut se concevoir que dans la supposition d'une imbibition au travers des parois vascu-
laires. Le passage des artères aux veines se trace aisément, et ne présente point la division excessive qui
serait indispensable à la nutrition de l'organe, si elle
se passait réellement comme on l'imagine en général.

Considérons maintenant ces faisceaux musculaires,
sans nous occuper des organes accessoires, et exami-
nons-les avec un grossissement très faible, pour éviter
toutes les objections qu'on peut faire à l'emploi du microscope : nous n'y verrons qu'une certaine quantité
de fibres parallèles, droites si le muscle est en repos,
très flexibles et disposées de telle sorte qu'elles puissent
changer facilement de position relative au moindre
mouvement du muscle.

B. Lorsque cette apparence est devenue familière
à l'œil, on se trouve dans les conditions convenables
pour apprécier les changements qui s'opèrent au moment de la contraction. A cet effet, nous prenons un
muscle frais et mince, le fascia lata de la grenouille,
par exemple, ou bien encore le muscle sterno-pubien
du même animal. Nous le transportons sous le microscope et nous le soumettons à l'influence galvanique, au moyen d'un petit arrangement fort simple
qui se trouve suffisamment décrit dans notre Essai sur
les animalcules spermatiques. Dès l'instant où le courant est établi le muscle se contracte et nous offre le

spectacle le plus remarquable. Les fibres parallèles qui le composent se fléchissent tout-à-coup en zigzag, et présentent un grand nombre d'ondulations régulières. Si le courant se trouve interrompu, l'organe reprend sa première apparence, et se fléchit de nouveau lorsqu'on le rétablit. Il est même facile, lorsqu'on rencontre un muscle fort et irritable, de répéter l'expérience un grand nombre de fois. En général cependant on est obligé de le renouveler après deux ou trois essais.

La précision et l'instantanéité de ces changements font de ce phénomène un des plus curieux de la physiologie. En l'examinant avec attention, on ne tarde pas à s'apercevoir d'une circonstance importante, c'est que les flexions ont lieu dans des points déterminés et ne changent pas de position, ce qui semblerait indiquer que c'est un rapprochement occasioné par l'attraction momentanée de ces mêmes points entre eux. D'ailleurs il ne survient aucune autre altération, et l'on peut assurer que la seule circonstance appréciable de la contraction consiste en cette disposition angulaire de la fibre.

Dans tous les muscles on retrouve la même propriété: les animaux à sang chaud l'offrent aussi bien que ceux à sang froid; les oiseaux comme les mammifères. On l'aperçoit aussi sans peine dans les muscles de l'estomac, des intestins, du cœur, de la vessie, de la matrice, etc.

On remarque à la surface des fibres secondaires et à la partie interne du coude qu'elles forment, lors-

(7)

qu'elles sont contractées, des rides ou plis dus évidemment à la courbure forcée à laquelle ils se trouvent soumis. Cette apparence est souvent très pro-
noncée, dans d'autres circonstances elle le semble
moins. Ceci provient uniquement de l'énergie de la
contraction. Lorsqu'elle est faible, l'angle se trouve
obtus et la fibre n'éprouve pas une flexion suffisante
pour donner naissance à ces rides ; mais si l'angle devient plus aigu, la partie intérieure du faisceau doit
nécessairement être comprimée, et forme ainsi de petits bourrelets bien prononcés. Il est même probable
que cette cause limite l'énergie des contractions, et
ne leur permet pas de dépasser un certain angle. Du
moins est-il bien certain que, dans les muscles de la
locomotion, nous n'avons jamais pu produire des contractions assez fortes pour que les angles de la fibre
fussent de cinquante degrés ou au-dessous, même en
augmentant beaucoup l'intensité du courant galvanique. C'est ce qu'on aura peu de peine à concevoir, si
l'on réfléchit aux conditions de structure que nous
avons développées.

Il semble pourtant que les muscles intestinaux font
exception à cette règle, et leurs fibres se montrent
souvent sous des angles plus aigus. Mais, d'un côté, les
sommets des angles sont sensiblement plus distants
entre eux que dans les autres muscles, et de l'autre
leurs fibres secondaires sont plus minces et étalées sur
un large champ. On conçoit qu'elles se trouvent par
là dans une situation tout-à-fait particulière, et que

chaque fibre se contracte, pour ainsi dire, indépendamment des voisines et pour son propre compte, sans être gênée par les faisceaux environnants.

C. Après avoir saisi les phénomènes que nous venons de décrire, il était essentiel d'en déterminer toutes les conditions. Il était possible que la fibre musculaire fût soumise à d'autres changements matériels que ceux dont nous avions eu la perception par ce procédé, et nous avons compris que, dans cette supposition, elle devait éprouver une variation de volume. En effet, ou bien on la considère comme un cordon solide dont les extrémités se rapprochent parcequ'il passe de la direction rectiligne à une forme sinueuse, et, dans ce cas, le volume doit rester le même ; ou bien on admet des conditions que nous n'aurions pu apprécier : et comme un corps ne saurait subir d'altération que dans sa forme ou dans son volume, ce dernier caractère était le seul dont la valeur pût varier. Nous avons mis toute notre attention à déterminer cette donnée du problème, et nous avons trouvé, dans les écrits de quelques physiciens, des démonstrations très précises, qu'il a suffi de soumettre à une vérification convenable. D'anciens anatomistes, entre lesquels on remarque Borelli, avaient cru que le volume du muscle éprouvait une augmentation sensible au moment où il vient à se contracter. Cette opinion, qui n'était basée sur aucune mesure, fut renversée par Glisson. Celui-ci faisait plonger dans un baquet rempli d'eau le bras d'un homme dans l'état de repos, et croyait

apercevoir un abaissement de niveau dès l'instant où
les muscles entraient en jeu. On a lieu d'être surpris
aujourd'hui qu'on ait pu se contenter pendant long-
temps, dans l'enseignement public, d'une expérience
aussi grossière. Elle a été répétée avec plus de soin
par M. Carlisle, et ce savant est arrivé constamment à
des résultats opposés. Un homme enfonçait son bras
jusqu'au deltoïde dans un cylindre dont l'entrée avait
à peu près la circonférence du bras près de l'épaule.
Ce vase communiquait avec un tube mince et gradué,
disposé verticalement. L'appareil était rempli d'eau, et
sa partie ouverte se lutait sur le bras, de manière que,
lorsqu'il se contractait, à un signal donné, la variation
de volume devait s'indiquer tout entière sur la colonne d'eau renfermée dans le petit tube gradué, et
se mesurer par son mouvement. Il la vit monter dans
tous les cas, et on conclut naturellement que le volume
d'un muscle augmente lorsqu'il passe du relâchement
à la contraction. Des observateurs plus judicieux ont
cependant senti que ces résultats étaient illusoires,
puisqu'on n'y tenait aucun compte des altérations sur-
venues dans la peau et le tissu cellulaire sous-cutané,
qui doit être plus ou moins comprimé par l'effort des
masses musculaires. Ils ont donc cherché à dégager
l'expérience de cette cause d'erreur. M. Blanc suivit
un procédé analogue à celui de M. Carlisle ; mais il
eut le bon esprit de se servir d'une masse musculaire
compacte, et plaça dans le vase un tronçon d'anguille,
qu'il stimulait au moyen d'une tige métallique acérée.

Cette méthode, déjà bien plus correcte, ne lui ayant montré aucune altération dans le niveau du liquide, il en déduisit l'égalité du volume sous les deux états du muscle. Mais avant lui, et sans qu'il en eût connaissance, M. Barzoletti, par une expérience bien plus élégante, était parvenu de son côté précisément à la même conclusion. Il suspendait dans un flacon la partie postérieure d'une grenouille, remplissait celui-ci d'eau, et le fermait avec un bouchon traversé par un tube étroit et gradué. Il forçait alors le muscle à se contracter, au moyen d'une excitation galvanique, et, dans aucun cas, il ne put observer de variation dans la colonne que le tube contenait. Nous n'avions, pour ainsi dire, rien à ajouter à ce résultat, qui se présente dégagé de toute objection plausible. Nous avons désiré toutefois lui donner un degré de certitude plus positif encore.

L'appareil que nous avons employé ne diffère pas, quant aux principales conditions, de celui de M. Barzoletti; mais nous avons mis dans le flacon des masses musculaires plus considérables, afin de multiplier l'effet dû à la variation de volume, présumée ou possible. Nous n'avons pas aperçu de trouble dans le niveau du petit tube, et nous en avons conclu, comme MM. Blanc et Barzoletti, que si le muscle éprouvait quelque changement de cette espèce, il devait être bien faible.

D. Les expériences que nous venons de rapporter suffisaient à nous démontrer que le muscle n'éprouvait pas d'altération, si ce n'est dans la direction de ses fi-

bres. Cette certitude donnant une grande importance
à l'examen des sinuosités qu'elles décrivent, nous
avons fait quelques tentatives à ce sujet. Il est évident
que nous pouvons considérer la fibre musculaire comme
étant composée d'un certain nombre de petites lignes
droites susceptibles de s'incliner l'une sur l'autre sous
des incidences variées, ce qui rend très aisée la solu-
tion de tous leurs mouvements. Nous avons dû nous
occuper en premier lieu de la détermination précise
de la longueur de ces petites lignes.

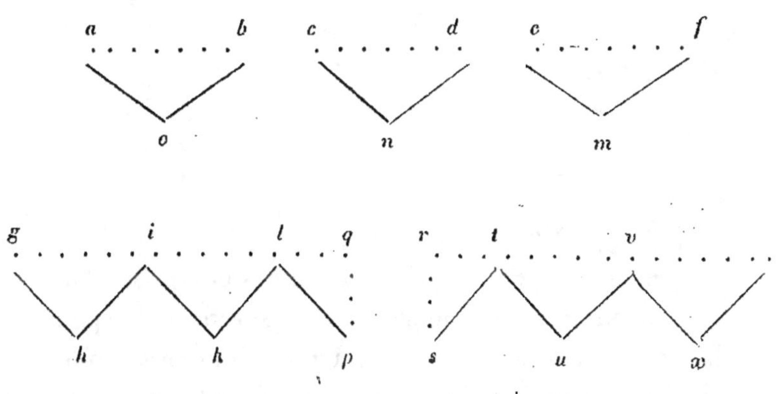

Sur un des muscles de la cuisse d'une grenouille,
placé sous le microscope et contracté par le moyen
de la pile, nous avons relevé en divers endroits les lignes brisées ci-dessus, que nous avons soigneusement
comparées aux sinuosités naturelles, en nous servant
des deux yeux, comme dans beaucoup d'occasions qui
se sont présentées dans les recherches que renferment
nos mémoires précédents. Nous avons ensuite com-

plété les triangles au moyen des lignes ponctuées et pris les mesures que nous allons rapporter.

Longueur des lignes.		Distance des points.	
ao — 10^{mm}		ab — 17^{mm}	
ob — 10		cd — 16	
cn — 10		ef — 16	
nd — 10		gq — 42	
cm — 10		ry — 39	
mf — 11			
gh — 10		Total. . . . — 130	
hi — 10			
ik — 11			
kl — 11			
lp — 12			
st — 11			
tu — 12			
uv — 12			
vx — 10,5			
xy — 12			

Total. . . . — 172,5

Si nous supposons que les 16 lignes comprises dans ce tableau forment une série, nous aurons 172,5 pour la distance des points a et y lorsque la fibre est droite, et 130 seulement pour le cas où elle est contractée. Ceci nous indique un raccourcissement de 0,23 dans une telle fibre.

Mais nous pouvions nous assurer directement de la vérité de ce fait, en prenant le même muscle et le mesurant avec soin dans les deux états, de relâchement et de contraction. A cet effet, dès l'instant où on l'avait enlevé du corps de l'animal, il était placé sous le microscope pour s'assurer que ses fibres étaient bien droites , et on déterminait sa longueur au moyen d'un compas : il suffisait de le stimuler ensuite par le courant d'une pile faible , et de prendre une nouvelle mesure dans cet état.

Muscle relâché	25^{mm}	contracté	17^{mm}
id.	20	*id.*	15
id.	25	*id.*	18
id.	20	*id.*	15
	90		65

La diminution de longueur dans cette série était donc de 0,27 , tandis que par la méthode indiquée ci-dessus nous l'avions trouvée de 0,23. Il est évident que des expériences de ce genre ne peuvent fournir des rapports plus rapprochés. Il est donc permis de conclure que la flexion de la fibre représente bien réellement la quantité dont elle s'est raccourcie , ce qui prouve que le changement qu'elle a subi porte sur sa direction seulement.

E. Cette considération est d'autant plus importante, que beaucoup de faits vulgairement connus nous démontrent évidemment l'élasticité de la fibre , et l'on pouvait avoir quelque raison de penser que cette propriété se trouvait intéressée dans le phénomène de la contraction. Nous allons exposer ici ce que nous savons de précis sur ce sujet. Le muscle vivant , abandonné à lui-même , prend toujours l'état régulier sous lequel nous l'avons soumis à l'examen; mais lorsqu'on fixe ses deux extrémités et qu'on éloigne les points d'attache , la fibre s'alonge en vertu de son élasticité , comme l'ont prouvé d'anciens expérimentateurs qui ont cherché à déterminer la valeur du poids nécessaire pour amener sa rupture. Il est évident que cette action est de nature opposée à celle qui produit la contraction et qu'elle doit la contrarier dans ses effets; du moins sommes-nous autorisés à le penser d'après les expériences suivantes. Nous avons pris des grenouilles femelles peu de temps avant la ponte. Leur abdomen était fort distendu par les œufs, et les muscles sterno-pubiens avaient dû se prêter par leur alongement à cette augmentation de volume. Nous les avons isolés du tissu cellulaire et de la paroi de l'abdomen, nous avons déterminé leur longueur, puis nous avons coupé une de leurs extrémités. A l'instant même ils ont éprouvé un raccourcissement notable; mais, en les examinant au microscope, on a pu s'assurer que ce phénomène n'était accompagné d'aucune flexion de la fibre, et qu'il différait par conséquent de la contraction. Soumis ensuite à l'influence galvanique, les mêmes muscles diminuaient de nouveau de longueur, en présentant les sinuosités ordinaires. Nous donnerons ici les rapports numériques qui expriment les conditions de ces deux phénomènes.

Muscle en place 45^{mm}	id. Coupé 34^{mm}	id. contracté 22^{mm}
id. 49	id. 36	id. 25
id. 51	id. 37	id. 27
145	107	74

Ces nombres sont entre eux, à bien peu de chose près, comme 30—20—15; ce qui signifie en d'autres

termes, qu'un muscle dont les contractions fortes équi-
valent à un quart de sa longueur seulement, peut être
amené, au moyen d'une traction continue, à la dis-
tension exprimée par le rapport de 2 : 3, sans éprouver
d'altération dans sa faculté contractile.

F. En raisonnant sur ce fait, il se présente à l'esprit une vue qui lève en grande partie, ou, pour mieux
dire, qui détruit tout-à-fait l'objection qu'on pourrait
tirer de certains cas de contractions extraordinaires,
difficiles en apparence à concevoir dans notre théorie.
En effet, l'estomac, les intestins, la vessie, nous offrent des variations de volume presque incroyables; et,
quoique leur disposition musculaire soit telle qu'il est
facile d'expliquer pourquoi leur faculté contractile produit des résultats bien plus énergiques que ceux dont
nous avons mesuré l'intensité dans les muscles de la
locomotion, il n'en est pas moins vrai qu'on se trou-
verait toujours au-dessous de la réalité, si l'élasticité de
leurs fibres ne jouait un grand rôle dans ce phénomène. L'explication des faits devient fort aisée si l'on
fait usage des deux principes suivants : 1° Les muscles
sont élastiques, par conséquent susceptibles de s'a-
longer sous l'influence d'un tiraillement exercé dans
leurs points d'attache. 2° Leur faculté contractile peut
agir dans tous les cas; mais elle augmente probablement en énergie à mesure qu'on se rapproche davan-
tage de l'état naturel du muscle. Il résulte en effet de
ces deux propriétés que l'estomac et l'intestin, par
exemple, peuvent être distendus par la présence des
matières alimentaires, de façon à se présenter avec un

volume beaucoup plus considérable que celui qu'ils
offrent dans l'état de vacuité. Si, dans de telles circonstances, on fait agir sur eux un stimulus quelconque, ils éprouveront des contractions successives, qui
chasseront peu à peu les corps étrangers renfermés
dans leur cavité, et ils finiront ainsi par atteindre leur
point de repos. Leurs fibres musculaires étaient droites
pendant qu'ils étaient distendus, elles le sont encore
sous ce dernier état. Une circonstance particulière fa-
vorise beaucoup cette faculté d'extension. Les fibres
secondaires de ces muscles sont fort minces et très lon-
gues. Elles sont disposées à peu près sur le même plan,
et réunies au moyen d'un tissu cellulaire fort lâche.
Ces diverses conditions leur permettent de se séparer
facilement ; elles le font effectivement lorsqu'on ti-
raille l'organe, et, si l'on pousse trop loin cette épreuve,
la rupture se manifeste toujours entre leurs intervalles.

La contraction de ces organes diffère donc entière-
ment de celle des muscles de la locomotion. Ceux-ci
sont fixés d'une manière invariable à leurs extrémités,
et ne peuvent éprouver qu'une seule contraction, ou
bien, s'ils en éprouvent un certain nombre, elles sont
alternatives, et ramènent toujours l'organe au même
point. Dans les appareils abdominaux, au contraire,
c'est au moyen d'une série de contractions que les
muscles parviennent à retrouver leur point de repos,
et chacune d'elles est employée à faire équilibre à une
fraction de la force qui les distend.

SECONDE PARTIE.

G. Examinons maintenant quelles sont les liaisons qui existent entre les phénomènes que nous venons de passer en revue et le système nerveux. Avant de traiter là question sous un point de vue particulier, nous serons obligés de rappeler quelques données générales bien connues des physiologistes. Dans l'état habituel de l'existence animale, les contractions s'effectuent dans les muscles au moyen d'une influence quelconque exercée sur eux par l'encéphale : mais, dans certaines circonstances accidentelles, on peut arriver au même résultat après avoir supprimé toute communication avec cette partie, et l'on substitue alors une action étrangère à celle que l'organe musculaire recevait antérieurement du cerveau ; et, pour ne pas entrer dans des détails inutiles, nous poserons ici comme des vérités suffisamment connues que le muscle se contracte : 1° lorsque son nerf communique librement avec l'encéphale et qu'il existe dans cet organe la volonté de produire une contraction ; 2° lorsqu'on pince le nerf après avoir aboli ses rapports avec le cerveau ; 3° lorsqu'on le fait traverser par le courant d'une pile galvanique ; 4° lorsqu'on le touche avec des réactifs chimiques actifs, tels que les acides minéraux concentrés, les chlorures d'antimoine, de bismuth, etc. ; 5° lorsqu'on le met en contact avec un corps chaud. Il s'agit d'examiner tous ces cas particuliers avec attention, et de s'assurer s'il n'existe pas entre eux quelque condition de ressemblance qui nous permette de les réunir

2

au moyen d'une seule expression ; et comme il est bien évident que la présence du cerveau n'est point nécessaire à l'exercice de la faculté contractile, nous allons en faire abstraction tout de suite, et passer à l'étude des contractions déterminées au moyen de la pile.

Les expériences nombreuses et variées que l'on a tentées peuvent toutes se ramener aisément aux deux principes suivants : si l'on met un des pôles d'une pile galvanique en contact avec le nerf, et l'autre en rapport avec le muscle, ce dernier éprouve des contractions. Il en est de même si l'on fait passer le courant dans une portion du nerf seulement, sans que le muscle y soit intéressé. Nous reviendrons plus bas sur la seconde proposition, et nous nous bornerons pour le moment à faire usage de la première. L'expérience qu'elle représente consiste donc à conduire un courant galvanique au travers du nerf et du muscle ; et, pour nous former une idée nette de la marche de ce fluide, il est nécessaire d'étudier de plus près les rapports qui existent entre ces deux organes. Nous connaissons déjà la structure du muscle, il nous reste à mettre en évidence l'organisation du nerf et sa distribution.

H. Les nerfs présentent à l'œil nu une apparence satinée, dont Fontana a donné le premier une histoire complète et exacte. Elle est très nette, surtout dans ceux du chat, du lapin, du cochon-d'Inde, de la grenouille, etc. Lorsqu'on les examine avec un grossissement de 10 à 15 diamètres seulement, on voit alors sur leur surface

des bandes alternativement blanches et obscures, qui
simulent, dans beaucoup de cas, d'une manière frap-
pante les contours d'une spirale serrée qui serait si-
tuée sous le névrilème. Nous avions cru même pendant
long-temps que leur organisation était telle, et ce
n'est que par une suite d'expériences variées, contra-
dictoires à cette opinion, que nous nous sommes déterminés à la soumettre à un nouvel examen. Nous avons
pu nous convaincre alors que cette apparence, comme
celle des tissus tendineux, était due à un petit plissement
des fibres du névrilème, qui perd sa transparence dans
certaines parties et la conserve dans les autres. Celles
qui sont devenues opaques réfléchissent toute la lu-
mière qui arrive sur leur surface, les autres la laissent
au contraire passer en quantité suffisante pour éclairer
les corps colorés qu'on place sous le nerf. Dès qu'on
essaie de tirailler celui-ci, toute cette apparence s'é-
vanouit, et si l'on fend le névrilème, on ne trouve rien
qui la rappelle. Elle ne mériterait donc aucune attention si elle ne présentait un critérium, très sûr pour reconnaître les petits filets nerveux et les rendre faciles
à distinguer des vaisseaux sanguins ou lymphatiques.
Mais lorsqu'on prend un nerf, et qu'après avoir divisé
longitudinalement son névrilème on étale sous l'eau
la matière pulpeuse intérieure, on la trouve composée
d'un très grand nombre de petits filaments parallèles,
égaux en grosseur, et qui semblent continus dans toute
la longueur du nerf. Du moins ne les voit-on jamais
se diviser ni se réunir, quelle que soit la partie qu'on
examine. Ces filaments sont plats et composés de qua-

tre fibres élémentaires disposées à peu près sur le même plan, ce qui leur donne l'aspect de rubans. Celles-ci sont elles-mêmes formées de globules comme à l'ordinaire, et présentent une circonstance remarquable, en ce que les deux extérieures sont celles qui se distinguent le mieux. Les séries moyennes ne se laissent voir que de temps en temps, sans doute parceque la pression qu'elles éprouvent fait disparaître la ligne qui dessine les globules dont elles sont composées. Le nombre de ces fibres nerveuses secondaires est très considérable, ainsi que le montre le calcul suivant, quand bien même on se refuserait à regarder les données de l'observation comme rigoureuses. Supposons que chaque fibre nerveuse élémentaire occupe dans la section du nerf un trois-centième de millimètre carré, nous en aurons quatre-vingt-dix mille pour chaque millimètre carré. Mais nous savons que les fibres nerveuses secondaires renferment quatre fibres élémentaires, il devra donc s'en trouver vingt-deux mille cinq cents dans le même espace, ou bien environ seize mille, pour un nerf cylindrique de un millimètre de diamètre, tel que le crural de la grenouille, par exemple.

J. Si l'on examine un nerf à son entrée dans le muscle, et qu'on le suive attentivement, on le verra se ramifier d'abord d'une manière peu régulière en apparence, si ce n'est toutefois qu'on s'apercevra d'une tendance marquée dans les rameaux à se diriger perpendiculairement aux fibres musculaires. Cette observation peut se faire aisément sur tous les muscles, ceux du bœuf, du chat, etc.; mais elle exige dans ce

cas des précautions d'éclairement qui la rendent péni-
ble et fatigante. Il est au contraire très aisé de la répéter sur les muscles minces de la grenouille , dont nous
avons déjà fait si souvent usage, et elle n'est alors ac-
compagnée d'aucune fatigue, à cause de leur transparence qui permet de les observer par transmission.
Après avoir ainsi poursuivi l'une des branches nerveuses
aussi loin que le permettent l'observation à l'œil nu
et celle qu'on peut faire à l'aide d'une loupe, il
devient aisé de fixer le point auquel on a été forcé
de s'arrêter, et de continuer l'examen en s'armant
de grossissements plus forts. Il peut se présenter deux
cas : le premier est celui où le nerf se dirige parallèlement aux fibres , le second est celui où sa marche
les coupe à angle droit. Dans l'un et l'autre , il montre,
au moyen d'un grossissement de deux ou trois cents
diamètres , un aspect tout particulier, qui ne permet
pas de le confondre avec aucune autre partie du muscle. En effet, à mesure que le nerf arrive ainsi à ses dernières ramifications , il s'élargit, et ses fibres secondaires se séparent , s'étalent précisément comme dans
le cas où il a été dépouillé de son névrilème. Ce petit
tronc nerveux offre alors l'aspect d'une nappe fibreuse ,
dont on voit se séparer de temps à autre quelques filets qui se jettent dans le muscle perpendiculairement
à ses propres fibres. Mais ici il arrive plusieurs circonstances possibles qui mènent toutes au même résultat ,
bien qu'elles soient fort différentes entre elles. Tantôt
ce sont deux troncs nerveux parallèles aux fibres du
muscle, qui cheminent à quelque distance l'un de

l'autre, et se transmettent mutuellement de petits filets qu'on voit passer au travers de l'espace musculaire qui les sépare, en le coupant à angle droit. Tantôt le tronc nerveux est déjà lui-même perpendiculaire aux fibres du muscle, et les filets qu'il fournit s'épanouissent en conservant cette direction, parcourent l'organe, et reviennent sur eux-mêmes en forme d'anse. Mais, dans tous les cas, on observe deux conditions qui paraissent constantes : la première c'est que les dernières ramifications nerveuses se dirigent parallèlement entre elles et perpendiculairement aux fibres du muscle; la seconde c'est qu'elles retournent dans le tronc qui les a fournies, ou bien qu'elles vont s'anastomoser dans un tronc voisin. Mais, dans tous les cas, il paraît bien certain qu'elles n'ont pas de terminaison, et que leurs rapports sont les mêmes que ceux des vaisseaux sanguins. Ce résultat est le premier de ce genre, et, jusqu'à présent, aucune considération anatomique ou physiologique n'avait porté à le soupçonner. Nous verrons pourtant plus tard avec quelle facilité il se lie à des faits d'un autre ordre.

Que l'on fasse passer maintenant un courant galvanique au travers d'un muscle examiné de cette manière, et l'on verra que les sommets des angles correspondent précisément au passage de ces petits filaments nerveux. On conçoit qu'avant d'admettre ce fait, nous l'avons soumis à toutes les vérifications qu'il nous a été possible d'imaginer, et ce n'est qu'après avoir répété et varié nos expériences à l'infini, que nous avons cru pouvoir l'adopter. Toutes les préparations ne réussissent pas , mais on trouve dans les muscles délicats de la mâchoire inférieure de la grenouille les meilleurs échantillons qu'on puisse désirer.

Il devient donc très probable que ce sont les nerfs qui se rapprochent et déterminent ainsi le phénomène de la contraction. Maintenant, quelle est la cause qui les force à s'avancer l'un vers l'autre? C'est ce que la nature des agents physiques propres à réveiller l'irritabilité musculaire semble avoir voulu nous indiquer d'avance. Il est impossible de méconnaître ici l'application de la belle loi découverte par M. Ampère, et il nous reste seulement à chercher jusqu'à quel point elle est applicable. Si deux courants s'attirent lorsqu'ils vont dans le même sens, il suffira de supposer que le nerf transmet le fluide galvanique plus aisément et en quantité plus considérable que la matière musculaire elle-même , ce qui est bien d'accord avec l'expérience , pour se former une idée nette du phénomène dont nous nous occupons. En effet , si nous interposons un muscle entre les pôles d'une pile , il se trouvera traversé par le fluide , mais d'une manière inégale, à cause de la meilleure faculté conductrice du nerf. Les rameaux de celui-ci se trouvant parallèles entre eux, et placés à de très petites distances , s'attireront réciproquement , et détermineront ainsi la flexion de la fibre et le raccourcissement du muscle.

K. En admettant la réalité de cette opinion, on concevra facilement que le muscle vivant se trouve être un véritable galvanomètre, et la petite distance qui sépare les branches conductrices d'une part, et leur ténuité de l'autre, concourent à lui donner une sensibilité extraordinaire. Nous allons maintenant le considérer sous ce point de vue, et comparer les phénomènes de la contraction musculaire avec les expériences électromotrices dont la physique s'est enrichie dans ces derniers temps.

Tout le monde connaît les belles expériences faites par les physiciens italiens sur les contractions produites par le contact des matières hétérogènes, et l'on a, plus que jamais, aujourd'hui de bonnes données pour assurer qu'elles sont dues au passage d'un petit courant galvanique. Mais, au milieu de tous ces résultats, on remarque celui que M. de Humboldt a si bien constaté, et dans lequel les contractions se manifestent au moment où la communication entre le nerf et le muscle se trouve établie au moyen d'un arc métallique homogène. On l'explique généralement en supposant que le métal et le muscle se mettent dans des états électriques contraires, et que la neutralisation des deux fluides s'opère au travers du nerf.

Si l'on adapte aux deux bouts des branches du galvanomètre de Schweigger des lames de platine semblables, que l'on fixe autour de l'une d'elles une masse musculaire de quelques onces, récemment enlevée d'un animal vivant, et qu'on les plonge alors dans du sang ou de l'eau légèrement salée, l'aiguille aimantée se déviera et le courant ira du métal au muscle.

Il paraît donc que la manière de voir qu'on avait adoptée est d'accord avec l'expérience, et nous pouvions regarder cette méthode comme un excellent moyen de comparaison entre le galvanomètre de Schweigger et la grenouille. En effet, si nous armons les muscles et les nerfs de l'animal avec des portions du fil qui forme le galvanomètre, et qu'on amène ensuite les deux bouts de l'appareil au contact des armatures, les contractions seront vives et fréquentes. L'aiguille aimantée ne changera pourtant pas de situation dans le plus grand nombre des cas ; et si quelquefois on croit apercevoir des oscillations légères, elles ne servent qu'à prouver encore mieux le défaut de sensibilité de l'instrument.

D'ailleurs l'animal perçoit avec force tous les courants que le galvanomètre indique lui-même. L'action d'un métal incandescent sur un métal froid, celle d'un alcali sur un acide, celle de deux fils oxidables plongés dans un acide d'une manière inégale, toutes sont vivement signalées par la grenouille. Cependant il est bien certain que si l'on ne possédait pas le galvanomètre, il serait impossible d'offrir une analyse exacte de ces divers phénomènes, puisque la grenouille n'indique pas le sens du courant.

L. Nous voyons bien, dans tout ce qui précède, l'efficacité du fluide électrique pour amener les contractions musculaires, et nous savons, par d'autres expériences, qu'il est indispensable que ce fluide soit er mouvement. Que l'on approche en effet une grenouille préparée et isolée du plateau chargé d'un électrophore, les nerfs seront attirés vivement comme tous les corps légers, la grenouille donnera des signes très prononcés d'électricité libre ; mais les contractions ne se ma-

nifesteront qu'au moment où l'on tirera l'étincelle.
Ainsi, toutes les fois que le courant galvanique traverse
un muscle vivant, les contractions de cet organe ac-
cusent son passage. Il s'agit maintenant de montrer
que dans tous les cas où les contractions se produisent,
il existe aussi un développement d'électricité. Haller et
ses disciples employaient comme excitants l'acide sul-
furique ou nitrique concentré, le chlorure d'antimoine, les métaux rouges de feu, enfin la pression
ou la piqûre, qui sont évidemment deux phénomènes
identiques. Nous allons examiner toutes ces conditions
d'irritabilité.

Adaptons à cet effet deux fils de platine identiques
aux extrémités des branches du galvanomètre ; plongeons l'un d'eux dans les muscles de la grenouille, et
touchons les nerfs de l'animal avec l'autre, après l'a-
voir chauffé au rouge ; les contractions seront vives et
la déviation de l'aiguille très sensible. Ces deux phénomènes se reproduiront, mais avec moins d'intensité,
si le métal rouge est porté sur les muscles.

Substituons maintenant à l'un de ces fils une coupe
de platine remplie d'acide nitrique, et fixons à l'autre
un fragment de nerf, ou de muscle, ou de cerveau.
A chaque contact l'aiguille sera déviée et le courant
de l'acide ira à la matière animale. On obtiendra des
effets analogues au moyen du chlorure d'antimoine.

Quant à la pression ou à la piqûre, qui n'en est qu'une
modification, nous n'avons pu, dans ce genre d'expérience, accuser l'électricité qu'elles doivent exciter :
mais les belles découvertes de M. Becquerel ne lais-

sent aucune incertitude sur ce point ; et les difficultés que nous avons éprouvées tiennent à des conditions qui rendent nécessaires des modifications dans l'appareil.

D'ailleurs nous savions, par d'autres essais entrepris dans le courant de l'hiver dernier, que, par la pression la plus légère, deux matières animales vivantes se constituent dans des états électriques contraires. Il suffit que deux personnes isolées se touchent la main pour qu'elles se retirent du contact avec un excès d'électricité libre suffisant pour dévier l'électroscope de Coulomb.

Toutes ces expériences s'appliquent également bien à l'explication du phénomène de la contraction musculaire et à celle des sensations. En effet, lorsqu'on traite un nerf par l'un des agents que nous venons de mentionner, le cerveau perçoit une douleur vive, et le muscle manifeste les signes ordinaires de l'irritabilité. Dans le premier cas, l'électricité développée a parcouru l'encéphale ; dans le second, elle a traversé le muscle. Nous ne prétendons certainement pas désigner ici les conditions physiques de l'important et mystérieux phénomène des perceptions cérébrales ; nous désirons seulement indiquer et faire sentir comment il est possible de concevoir, dans l'état présent de la physiologie, le transport des actions développées bien loin du cerveau lui-même.

Il est bon de remarquer que la plupart de ces effets ne sont point liés à l'état de vie ; mais il est bien évident que, lorsque la mort a frappé les organes qu'on soumet à ce genre d'action, la faculté conductrice des nerfs a pu être modifiée essentiellement. Il est même possible que ce soit là la seule condition qui détermine l'irritabilité des muscles, sans quoi l'on aurait peine à concevoir pourquoi le courant galvanique, par exemple, ne produirait pas toujours le rapprochement de leurs branches nerveuses. Mais l'arrangement des tissus est si délicat, que lorsque la matière abandonnée à elle-même se trouve soustraite à la puissance qui l'avait organisée, elle doit perdre en peu de temps les propriétés dont elle avait été douée.

M. Dans tout ce qui précède nous avons fait constamment abstraction du cerveau, et nous devons pourtant examiner si l'influence qu'il exerce sur les muscles est également due à la production d'un courant galvanique au travers du nerf qui s'y rend. Nous avons fait à ce sujet beaucoup d'expériences ; et, quoique leurs résultats n'aient encore eu rien de satisfaisant, nous conservons l'espoir d'un meilleur succès. Il est donc probable que nous serons dans le cas de les soumettre plus tard au jugement de l'académie ; et nous nous bornerons pour le moment à exposer ici d'une manière sommaire la marche que nous avons suivie.

Pour intercepter le courant dont nous supposions l'existence, il fallait mettre les branches du galvanomètre en rapport avec les nerfs au moment même où ils transmettaient à leurs muscles l'influence irritante. Nous avons donc choisi les pneumo-gastriques de préférence dans l'animal sain, puis les plexus sciatiques d'un animal en état de tétanos; mais, soit qu'on ait mis les branches en rapport avec diverses parties du nerf intact, soit qu'on les ait fixées aux portions supérieure et inférieure du nerf divisé, l'action électromotrice a été inappréciable. Il en a été de même des essais tentés sur les nerfs sciatiques, après avoir coupé l'une de leurs racines. Nous n'avons pas été plus heureux avec les diverses portions de la moelle ou du cerveau; et si, dans certains cas, l'aiguille s'est déviée, nous n'avons pas encore pu parvenir à nous former une idée nette des conditions qui ont déterminé le succès. La difficulté de ces expériences donne des droits à quelque indulgence, et peut seule nous engager à les mentionner ici, quoiqu'elles aient trompé notre attente.

Une aiguille aimantée, suspendue à un fil de cocon simple, n'a pas éprouvé non plus de déviation sensible lorsqu'on l'a placée auprès du nerf ou du muscle en action; mais nous allons voir qu'il est probable que le courant galvanique est double dans ses organes; et, dans cette hypothèse, ces deux portions se neutralisent de manière à détruire tout effet sur l'aimant.

On peut en effet concevoir de deux manières la distribution du courant galvanique, et il est probable qu'elles se réalisent réellement l'une et l'autre. Car il est bien facile d'interposer, comme dans toutes nos expériences précédentes, le muscle entre les deux pôles d'une pile; et certainement alors la direction du courant sera identique dans tous les filaments nerveux; mais cela ne prouve point qu'il en soit ainsi dans les contractions volontaires, ni dans l'expérience que nous allons examiner.

Si l'on prend une des jambes de la grenouille, et que l'on isole soigneusement son nerf depuis la sortie de la moelle épinière jusqu'au genou, on obtiendra une branche de quinze à dix-huit lignes de longueur, très convenable pour l'expérience. Plongeons maintenant dans ce nerf deux fils métalliques à la distance de quelques lignes et sans communication avec les muscles. Dès l'instant où ils seront mis en contact avec deux corps en état d'électricité contraire, les muscles se contracteront, quoique bien éloignés du circuit.

Comparons maintenant cet effet avec ceux que nous montre le galvanomètre. Si le courant dans le nerf est simple, cet organe sera évidemment représenté par une des branches du multiplicateur. Or, il est bien clair que, lorsqu'on met les deux pôles d'une pile en contact avec une seule branche, le courant ne se propage pas dans l'appareil, et l'aiguille n'est pas influencée. Dans la supposition contraire, le nerf formera dans le muscle un arc de cercle, dont les deux extrémités se trouveront séparées dans le tronçon nerveux. On pourra, d'après cette opinion, représenter le nerf assez nettement au moyen du multiplicateur; mais il faudra réunir ses deux branches : on peut y parvenir au moyen des trois combinaisons suivantes.

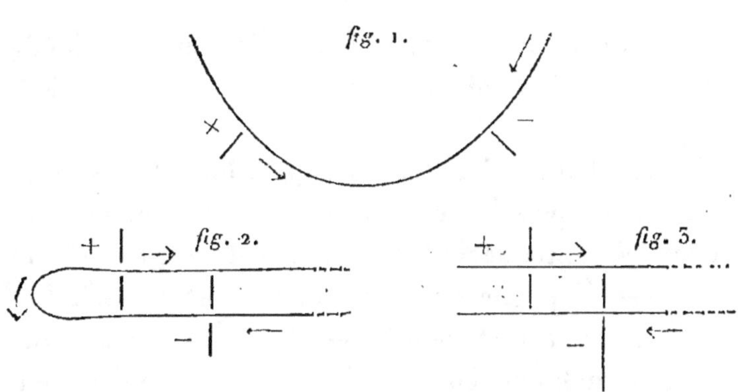

Dans la première (*fig.* 1), le galvanomètre forme un circuit métallique fermé. Si l'on place dans une portion quelconque du fil, et à quelque distance l'un de l'autre, deux métaux hétérogènes, cuivre et platine, par exemple, plongeant dans un acide à leur extrémité opposée, l'aiguille aimantée sera déviée à l'instant. Le courant électrique avait deux routes à suivre, l'une de quelques lignes de longueur seulement, l'autre de cent vingt pieds au moins ; il s'est partagé à peu près également entre les deux.

Dans la seconde expérience (*fig.* 2), on avait replié le fil du galvanomètre, et les métaux électro-moteurs se trouvaient deux fois en contact avec lui. La portion du courant qui s'est propagée dans le multiplicateur est devenue plus faible ; mais elle est encore très considérable, et suffit pour dévier l'aiguille de 15 à 20°.

Enfin dans la troisième expérience, qui représente parfaitement ce qui se passe dans un nerf coupé, les deux branches du multiplicateur sont séparées, et touchent toutes les deux les métaux électro-moteurs : le sens du courant est déterminé par le premier point de contact; et il serait nul si les deux métaux arrivaient du même côté.

Il est inutile d'insister sur l'application de ces résultats, et la plus légère réflexion suffira pour en indiquer les conséquences. Ils établissent assez clairement la nécessité de deux courants dans le même nerf. Jusqu'à présent cette hypothèse explique sans difficulté toutes les conditions connues du phénomène qu'elle doit représenter. Elle nous a fourni l'idée de plusieurs expériences, et nous attendrons qu'elles aient été mises à exécution pour lui donner le développement dont elle est susceptible. En l'adoptant, on rend bien raison de la disposition des filets nerveux dans le muscle, et de leur retour sur eux-mêmes ; et l'on conçoit aussi pourquoi, dans le moment d'une action violente, les nerfs n'influencent pas l'aiguille aimantée.

Il serait peut-être utile de passer maintenant en revue les opinions qu'on a proposées dans le but d'expliquer le phénomène de la contraction; mais elles sont pour la plupart tellement incomplètes ou fautives, que nous ne saurions trouver rien d'agréable dans une discussion de cette espèce. Les faits ont toujours manqué aux auteurs qui nous ont précédés, et nous sommes très portés à croire que leurs hypothèses, quoique fort erronées, indiquent dans bien des cas une faculté de conception remarquable. C'est un spectacle dans lequel un esprit philosophique trouve des sensations agréables, s'il essaie de se reporter à l'époque où fut établie chacune de ces opinions, et s'il les compare aux bases de raisonnement que l'inventeur avait en sa possession. Mais ce point de vue, que l'imagination saisit d'un seul coup d'œil, exigerait des développements fastidieux pour être mis à la portée des lecteurs, et, d'un autre côté, c'est une bien grande injustice que de citer la pensée d'un homme sans acception de lieu ni de temps. Il est facile de montrer sous un jour ridicule, par une telle méthode, des esprits d'un ordre très élevé.

Nous nous abstiendrons donc de toute discussion sur les auteurs précédents; mais nous ne pouvons nous empêcher de céder au désir de placer ici la traduction littérale et complète d'un passage de Verheyen (*Anatom. corp. human.*, t. II, p. 156, *De actione musculorum;* Bruxellæ, 1710), qui nous semble un des exemples les plus extraordinaires du pouvoir d'invention; et ce n'est pas le seul que l'on rencontre dans les œuvres de cet anatomiste : car il nous paraît qu'il a deviné juste en plusieurs circonstances sur le mode de liaison entre les vaisseaux sanguins et lymphatiques ou sécréteurs. Ce sont dans ses écrits de pures hypothèses, des jeux de son imagination; mais il est bien évident que les idées qu'il s'était formées de la structure des animaux étaient pleines de justesse et de profondeur.

Il établit nettement d'abord la nécessité du sang dans le phénomène de la contraction, et l'explique d'une manière qui pouvait paraître plausible alors, mais qui ne présente aujourd'hui aucune probabilité. Il passe ensuite aux fonctions du système nerveux.

« Tout le monde admet, dit-il, que les esprits ani-
» maux se rendent du cerveau aux muscles, et comme
» ils sont doués d'une grande activité, on les regarde
» comme la cause efficiente de la contraction. Quant
» à la matière du sang, elle paraît seulement favorable
» à ce résultat; mais on est peu d'accord sur le procédé
» au moyen duquel ces esprits forcent les muscles
» ou leurs fibres charnues à se contracter et se rac-
» courcir.

» Bien des gens s'imaginent avoir suffisamment ré-
» solu le problème, en avançant que le muscle est renflé
» par les esprits animaux, tout comme la voile d'un na-
» vire l'est par le vent qui la pousse, de manière que
» la diminution en longueur équivaut à l'accroissement
» en largeur. Mais, si la chose se passait vraiment ainsi,
» le muscle devrait s'élargir bien plus que l'observation
» ne l'indique; et puis, je l'avoue, il me serait difficile
» de concevoir comment la structure anguleuse des fi-
» bres musculaires et leurs fibres membraneuses si
» abondantes peuvent être conçues dans cette suppo-
» sition.

» Pour moi, je pense que les esprits produisent la
» contraction du muscle par un double procédé, c'est-
» à-dire en retenant le sang plus long-temps dans les
» cavités des fibres, et en fléchissant ces fibres elles-
» mêmes.

» Et afin de mettre quelque clarté dans cette dis-
» cussion, je suppose d'abord que les esprits, pour
» effectuer la contraction du muscle, parcourent les
» fibrilles membraneuses. Elles ont en effet beaucoup

» de rapport avec les nerfs, qui sont, comme on le
» sait, la route préférée par les esprits. »

Nous passons ici quelques lignes de suppositions qui
nous semblent inexactes, et qui ne pourraient être comprises qu'avec le secours d'une figure.

« Mais, ce qui contribue le plus puissamment au
» raccourcissement du muscle, c'est la formation des
» rides dans la fibre, c'est-à-dire les flexions légères et
» fréquentes qu'elle éprouve. Soient en effet (*fig.* xi)
» quelques fibres charnues (a) alternativement fléchies ;
» il est bien visible que leurs extrémités tendineuses (bb)
» doivent se trouver bien plus rapprochées que dans le
» cas où ces mêmes fibres étaient parfaitement droites.
» Et s'il en est ainsi de celles que je montre pour
» exemple, il en sera de même évidemment pour la to-
» talité du muscle.

» Il me reste à montrer maintenant comment ces
» angles se fléchissent et comment la fibre se ride. » Ici
l'auteur se livre à une discussion, dans laquelle nous
ne pouvons le suivre, et dont nous allons extraire les
paroles les plus remarquables seulement.

« Les difficultés qui s'élevaient dans mon esprit ve-
» naient toutes de l'idée d'après laquelle on m'avait ac-
» coutumé à raisonner, et qui suppose que le muscle est
» raccourci par un renflement des fibres occasioné par
» le passage des esprits. Elles disparaissent au contraire
» dans l'hypothèse suivante. Soient (d) le nerf et (cc)
» les fibres membraneuses ; au moment où les esprits
» arrivent, ils doivent déprimer les fibres charnues
» dans les points de rencontre alternatifs, comme on

3.

» le voit encore mieux dans l'autre figure (*fig.* XII), et
» cette hypothèse me plaît d'autant mieux que le che-
» min où les esprits arrivent étant limité aux fibres mem-
» braneuses, il ne paraît pas nécessaire d'en supposer
» une quantité aussi considérable que si on les forçait
» à arriver dans les fibres musculaires elles-mêmes.
» D'ailleurs, je pense qu'il n'est aucune partie du mus-
» cle à laquelle je n'aie assigné de la sorte son véritable
» emploi. »

Il est impossible d'avoir imaginé rien de plus spé-
cieux et de plus simple, et l'on ne peut s'empêcher d'é-
prouver une sorte de regret douloureux en songeant
que des conceptions aussi saines ont pu rester pendant
plus d'un siècle sous les yeux des anatomistes sans
faire naître dans leur esprit aucune idée analogue. Il
y avait déjà bien long-temps que nous avions donné
connaissance de nos résultats sur le plissement de la
fibre musculaire à la société de physique de Genève,
lorsque ce passage s'offrit à nous en parcourant l'ou-
vrage de Verheyen pour un autre objet. Notre étonne-
ment fut extrême, et nous avons tout lieu de croire
que beaucoup d'autres résultats qu'il a avancés de la
même manière se vérifieront à leur tour, et l'on sera
forcé d'avouer que cet anatomiste était doué d'une
sagacité remarquable et d'une faculté de prévision qui
n'a peut-être pas d'exemple.

CONCLUSIONS.

1° Les fibres musculaires sont parallèles et rectili-
gnes dans l'état de repos; elles se fléchissent en zig-

zag au moment de la contraction, et présentent alors des ondulations très régulières.

2° Le muscle ne change pas de volume lorsqu'il se contracte, et ce résultat se trouve d'accord avec l'opinion des derniers expérimentateurs qui se sont occupés de ce sujet.

3° Dans les muscles de la locomotion, le raccourcissement calculé d'après les angles de la fibre est égal à 0,23 ; d'après la mesure directe, il serait de 0,27, quantités sensiblement égales dans des essais de ce genre.

4° Un muscle peut être alongé par le tiraillement de ses points d'attache, dans le rapport de 2, 3, sans perdre sa faculté contractile. Il est probable qu'on pourrait aller au-delà, surtout dans les organes abdominaux.

5° L'aspect satiné des nerfs qui simule si bien une spirale n'est dû qu'à un plissement du névrilème. Les nerfs sont formés de fibres droites, continues, en nombre très considérable.

6° Ces fibres se distribuent dans le muscle de manière à couper les faisceaux musculaires à angle droit. Elles se dirigent parallèlement entre elles, passent au sommet des angles alternatifs de flexion, et déterminent probablement le phénomène de la contraction musculaire en se rapprochant les unes des autres.

7° Le muscle est donc un véritable galvanomètre à branches mobiles, susceptible d'accuser non seulement les effets électro-moteurs découverts au moyen de l'appareil de M. Schweigger, et tels que l'action

d'un métal chaud sur un métal froid, celle d'un alcali sur un acide, etc. ; mais encore capable d'apprécier des quantités d'électricité trop faibles pour affec-
ter celui-ci.

8° Toutes les fois qu'un courant galvanique traverse
le muscle, cet organe entre en contraction. Ce fait
est bien connu des physiologistes, mais il n'en est pas
de même de la proposition suivante, que nos expériences tendent à établir. Lorsqu'un nerf est comprimé,
brûlé, ou plongé dans un acide concentré, il y a développement d'électricité et contraction dans le muscle auquel il va se distribuer.

Enfin, nous avons rendu probable qu'il y a deux
courants dans le nerf, l'un ascendant, l'autre descen-
dant ; et s'il était permis d'anticiper sur les résultats
de l'expérience, nous serions disposés à penser qu'ils
se rendent dans la partie antérieure et postérieure de
la moelle épinière, au moyen des racines correspon-
dantes.

ADDITIONS

AU MÉMOIRE SUR LA CONTRACTION MUSCULAIRE,

Soumis à l'Académie des sciences le 18 août 1823,

PAR MM. PRÉVOST ET DUMAS.

L'explication du phénomène de la contraction musculaire, que nous avons donnée dans ce mémoire, repose sur deux faits incontestables : le premier, c'est que la fibre musculaire se fléchit en zigzag au moment de la contraction; le second, c'est que les angles de flexion sont toujours situés aux mêmes points, et servent de passage aux filets nerveux qui coupent les fibres à angles droits. Ceux-ci sont fixés sur le tissu cellulaire adipeux, matière assez dense, résistante, et susceptible d'ailleurs de les isoler. Nous en avons conclu que les phénomènes de la contraction étaient déterminés par le simple passage d'un courant électrique dans ces filets nerveux, et par leur rapprochement, conformément aux lois connues des actions électro-dynamiques.

En proposant cette théorie, nous avons pris l'engagement de montrer qu'elle est applicable à tous les faits connus; et si, dans notre mémoire, nous avons peu ou point insisté sur la possibilité d'expliquer les actions musculaires, même les plus fortes, au moyen de nos principes, c'est que la chose nous avait paru suffisamment simple pour être saisie sans autre développement. Toutefois quelques personnes nous ont témoigné le désir de connaître les raccourcissements correspondants à des angles connus. Au moyen des résultats consignés dans notre mémoire, cette notion peut s'obtenir avec une grande facilité. En effet, nous avons fait usage d'un grossissement de 45 diamètres, et nous avons trouvé 172,5 millimètres pour la longueur d'une fibre musculaire susceptible de fournir huit angles de flexion. En supposant les côtés de ces angles égaux entre eux, supposition conforme à l'expérience, comme nous l'avons prouvé dans notre mémoire, nous trouvons $\overset{\text{mm.}}{\frac{172{,}5}{45}} = \overset{\text{mm.}}{3{,}83}$, et $\overset{\text{mm.}}{\frac{3{,}83}{16}} = \overset{\text{mm.}}{0{,}24}$; nous avons donc 0,24 pour la longueur de chacun des côtés. Prenons-en deux, et, complétant le triangle, nous en formerons un triangle isocèle, dans lequel le côté opposé à l'angle de flexion exprimera la distance réelle des extrémités de la fibre ainsi fléchie. Il ne s'agit donc que de connaître la valeur de l'angle de flexion, et d'en déduire celle de ce côté. Prenons d'abord le cas fourni par l'expérience, et nous aurons un angle sensiblement droit, puisque ceux que nous avons déterminés plus haut varient entre 80 et 110°. Au moyen de ces données, on trouve 0,34 pour la longueur du côté opposé; l'expérience avait fourni $\overset{\text{mm.}}{\frac{130}{45}} = \overset{\text{mm.}}{2{,}88}$, et $\overset{\text{mm.}}{\frac{2{,}88}{8}} = \overset{\text{mm.}}{0{,}36}$. La différence, comme on voit, n'est pas sensible pour des déterminations de cette espèce.

Nous joignons ici un tableau destiné à montrer les raccourcissements correspondants à des angles donnés.

Longueur des deux fibres qui forment l'angle.	mm.		raccourcissement.
	0,480 =	100	0
Angle, 99° côté opposé,	0,339 =	70	0,30
60°	0,240 =	50	-0,50
45°	0,184 =	58	0,62
30°	0,124 =	25	0,75
15°	0,062 =	13	0,87

On voit par là que notre hypothèse peut se prêter théoriquement aux conditions les plus énergiques de la contraction musculaire ; et s'il existe quelquefois des obstacles au raccourcissement du muscle, ils proviennent, comme nous l'avons dit précédemment, de la disposition mécanique de ses fibres, et non point du principe en vertu duquel elles se fléchissent.

Il est encore, dans notre mémoire, une circonstance essentielle sur laquelle il paraît que nous n'avons pas suffisamment insisté ; c'est l'état d'isolement dans lequel se trouvent les fibres nerveuses, et qui est produit par cette matière grasse abondante dont nous devons la connaissauce aux travaux de M. Vauquelin. Elle entoure chacune des fibres, et ne permet pas au fluide électrique de passer de l'une à l'autre.

Outre cette disposition, qui a lieu dans l'intérieur du nerf, sous le névrilème, il y a toujours, autour du tronc nerveux lui-même et à l'extérieur de son enveloppe, une autre couche graisseuse, qui se montre jusque dans ses plus petites ramifications. On conçoit qu'au moyen de ces précautions, le fluide électrique qui est arrivé dans le nerf ne peut plus se dévier pour prendre une autre route.

Nous allons passer maintenant à la discussion d'une objection qui paraît grave au premier abord. Il est évident que la manière dont nous envisageons la contraction musculaire rend les fibres du muscle absolument passives, et place toute l'action dans les filets nerveux; il est clair aussi que dans un muscle composé de mille fibres, par exemple, et susceptible de supporter un poids p, la fraction $\frac{p}{1000}$ exprimerait la quantité supportée par chacune de ces fibres, d'après la manière de voir précédemment adoptée. Mais, selon nous, ce n'est plus le muscle qui emporte le poids, et toute la force doit être appliquée aux filets nerveux transversaux; et il semble en outre qu'elle doit être supportée en totalité par chacun des filaments nerveux, et non point sous-divisée entre eux. Si une telle difficulté ne pouvait se résoudre, il faut avouer que notre théorie ne se soutiendrait pas aisément; mais, en l'énonçant, nous n'avons pas prétendu que les bases sur lesquelles elle repose fussent d'accord avec les faits anatomiques.

Il suffira, pour affaiblir considérablement le poids de cet argument, de faire observer que les fibres nerveuses transverses ne parcourent pas, à beaucoup près, tout le diamètre du muscle, et qu'elles embrassent, dans leur trajet, cinq ou six de ces fibres secondaires seulement. C'est donc le poids supporté par ce petit nombre de fibres, et non celui supporté par le muscle entier, qui devrait leur être attribué. Cette conséquence résulte des figures mêmes qui accompagnent notre mémoire; et si nous n'en avons pas fait mention précédemment, c'est que la connaissance intime des faits avait écarté de notre esprit la pensée d'une objection de ce genre. Malgré cela, peut-être pourrait-on encore craindre que le petit filet nerveux ne fût déplacé par la force attractive des branches voisines, avant de pouvoir entraîner les fibres musculaires auxquelles il est attaché; cela ne manquerait pas d'arriver en effet, s'il était seulement posé sur elles et susceptible de glisser. Mais tout inconvénient de cette espèce est prévenu par la structure anatomique de ces parties; elles sont liées entre elles au moyen d'un tissu cellulaire adipeux qui forme une espèce de réseau dans l'intervalle des fibres musculaires, et qui leur fournit une gaîne membraneuse très forte, dont nous avons fait mention dans notre mémoire. Ce même tissu cellulaire adipeux forme autour de chaque fibre nerveuse une espèce de canal du diamètre de ce filet, et susceptible d'une assez grande résistance pour qu'il soit impossible que le filet lui-même soit déplacé, relativement aux fibres musculaires. Tout cet appareil se trouve encore maintenu au moyen du tissu cellulaire environnant. Il suit de là que si le nerf n'est pas accompagné par le névrilème dans ses petites ramifications, ce qui est possible et même probable, il n'en est pas moins fixé d'une manière très sûre dans la position que lui assigne son emploi.

Nous ne prétendons pas convenir ici que le filament nerveux soit réellement chargé de soutenir le poids de toutes les fibres musculaires auxquelles il donne le mouvement; nous pensons, au contraire, que la force exercée ayant lieu dans une direction perpendiculaire à celle du filet nerveux, chacune des petites portions de ce filet correspondante à une fibre musculaire ne peut supporter que le poids soutenu par celle-ci, indépendamment des poids dont les autres parties du même filet sont chargées. En effet, il ne peut exister aucune tension dans le filament nerveux, comme il est aisé de s'en convaincre, puisqu'il reste flexueux et lâche dans toute sa longueur, même au moment de la contraction. Il est donc évident qu'il suffit de supposer que la résistance des parois du canal formé par le tissu cellulaire adipeux soit précisément celle que nous sommes obligés d'admettre entre les molécules musculaires elles-mêmes, pour que la contraction ait lieu sans causer de rupture.